十万个为什么
科学绘本馆
（第一辑）

中国工程院院士　　　曾溢滔
上海交通大学特聘教授　曾凡一　主　编

再见，恐龙

鸟类是恐龙的后代吗？

魏宏平 文　周　翊 图　冉　浩 审读

少年儿童出版社

让孩子在艺术中欣赏世界，在科学中理解世界
——《十万个为什么·科学绘本馆》主编寄语

曾溢滔 院士

遗传学家，上海交通大学讲席教授，上海医学遗传研究所首任所长，1994年当选为首批中国工程院院士。长期致力于人类遗传疾病的防治以及分子胚胎学的基础研究和应用研究，我国基因诊断研究和胚胎工程技术的主要开拓者之一。《十万个为什么（第六版）》生命分卷主编。

曾凡一 教授

医学遗传学家，上海交通大学特聘教授，上海交通大学医学遗传研究所所长。国家重大研究计划项目首席科学家，教育部长江学者特聘教授，国家杰青。主要从事医学遗传学和干细胞以及哺乳动物胚胎工程的交叉学科研究。《十万个为什么（第六版）》生命分卷副主编，编译《诺贝尔奖与生命科学》《转化医学的艺术——拉斯克医学奖及获奖者感言》等，任上海市科普作家协会副理事长和上海市科学与艺术学会副理事长等社会职务。

《十万个为什么》在中国是家喻户晓的科普图书。1961年，第一版《十万个为什么》由少年儿童出版社出版发行，60余年间，出版了6个版本，成为影响数代新中国少年儿童成长的经典科普读物，被《人民日报》誉为"共和国明天的一块科学基石"，为我国科普事业做出了重大贡献。如何将经典《十万个为什么》图书产品向低龄读者延伸，让这一品牌惠及更为广泛的人群，启发孩子好奇心，满足不同年龄层、不同知识储备的青少年儿童读者需求，成为这一经典品牌面临的机遇与挑战。

科学绘本兼具科学性与艺术性，这种图书形式能够将一些传统认为对儿童来说难以讲述、深奥的科学知识用图像这种形象化、更具吸引力的艺术形式呈现。科学绘本这一科学讲述形式对于少年儿童读者来说，具有极大的吸引力，使少年儿童读者乐意迈出亲近科学的第一步，并形成持续钻研科学的内驱力，在好奇心的驱动之下，他们有意愿阅读更多、更深入、更专业的书籍，在探索科学的道路上披荆斩棘。少年强则中国强，从小接受科学洗礼的孩子们，最终必将为我国的科学事业贡献出自己的力量。

《十万个为什么·科学绘本馆》在以下这些方面力图取得创新。

1.构建绘本中的中国世界，宣传中国价值观，展现中国科技力量。

《十万个为什么·科学绘本馆》中所出现的场景、人物形象立足中国孩子的日常生活，不仅能够让中国儿童在阅读中身临其境、产生共鸣，也有助于中国儿童学习我国的核心价值观与民族文化，建立文化自信。

2.学科体系来源于《十万个为什么（第六版）》的经典学科分类。

《十万个为什么·科学绘本馆》的学科体系为《十万个为什么（第六版）》18册图书的延续与拓展。可分为"发现万物中的科学（数学、物理、化学、建筑与交通、电子与信息、武器与国防、灾难与防护等领域）""冲向宇宙边缘（天文、航空航天等领域）""寻找生命的世界（动物、植物、微生物等领域）""翻开地球的编年史（古生物、能源、地球等领域）""周游人体城市（人体、生命、大脑与认知、医学等领域）"五大领域。

3.科学绘本故事与"十万个为什么"经典问答的新型融合，由浅到深进入科学，形成科学思维。

《十万个为什么·科学绘本馆》每册一个科学主题。先有逻辑分明的科学故事带领小读者初步了解主题、进入主题，后有逻辑清晰、科学层次分明的"为什么"启发小读者在此主题下发散思维，进一步探索和思考。

4.遇见——深化——热爱，借助艺术的力量让孩子爱上科学。

在内容架构方面采用树状结构，每册图书均由"科学故事""科学问答""科学艺术互动"三大板块构成。通过科学故事带领儿童了解某一领域的科学主题，并进入主题，对主题产生兴趣；通过科学问答对主题进行演绎，促发科学思维构建；通过《科学艺术互动手册》帮助孩子以动手动脑、艺术探索的方式进一步深化主题，突破传统绘本极限。

5.科学家、科普作家与插画家的碰撞与创新。

《十万个为什么·科学绘本馆》的创作团队采取了科学家、科普作家以及插画家的模式。绘本的文字部分由来自世界各地的优秀中青年科学家、科普作家担纲创作，插画部分由中国中青年插画家执笔完成，实现了科学严谨、艺术多元的创作理念。

《十万个为什么·科学绘本馆》以科学绘本这种形式，契合当代儿童读者的阅读偏好。以"科学故事""科学问答""科学艺术互动"三步走的架构，构建出对儿童进行科学教育和艺术教育的有效启蒙途径。以覆盖全科学的策划理念为儿童提供多学科学习和跨学科学习的阅读工具。

《十万个为什么·科学绘本馆》将借助数字化时代多样化的技术手段，突破传统图书范畴，以覆盖线上线下的科学绘本课、科学故事会、科学插画展等形式，为我国少年儿童科学普及探索符合时代潮流的新通路。将科学普及工作有效地面向更广阔的人群，特别是广大少年儿童，为实现全民科学素质的根本性提高，推动我国加快建设科技强国、实现高水平科技自立自强做出贡献。

6600万年前，一颗小行星撞到了如今的墨西哥湾，导致地球气候发生了巨大的变化，当时的地球霸主——恐龙发生了大灭绝。有科学家称，如果这次碰撞的时间、地点、角度稍有不同，也许就不会有"恐龙大灭绝"……

这么厉害的恐龙居然灭绝了，
真是运气不好。
好想见到恐龙啊……

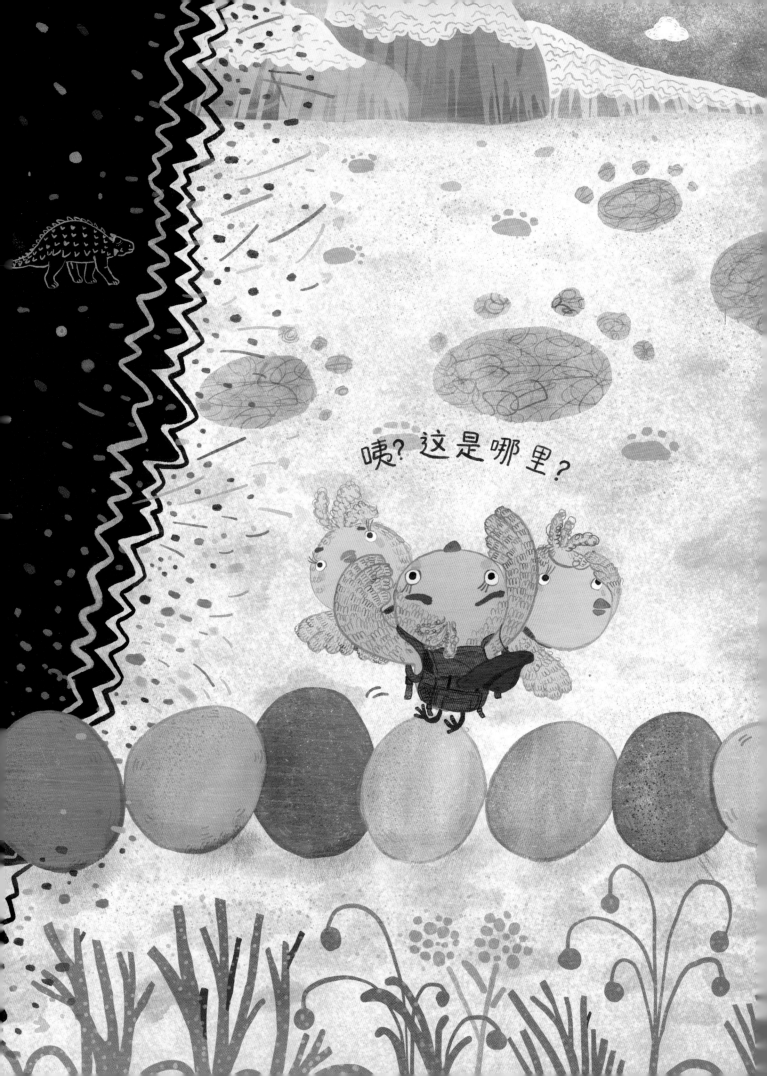

哇！这是恐龙时代吗？我穿越了？
那不就是慈母龙嘛！

"嗨！慈母龙，你在照顾恐龙宝宝吗？"
"啊，是的。你是谁家的孩子呀？"慈
母龙也跟我打了个招呼。
什么？我才不是小孩呢，我也马上就要
当妈妈了……

慈母龙

生存年代：白垩纪晚期

体型：全长约 7 米

特征：过群居生活

哇！那是剑龙吧，它的背板可真是太酷了。
我也要去跟帅气的剑龙问个好。

"嗨，你好呀，剑龙！"
剑龙吃得太专心了吧，一点都没听到我的声音。

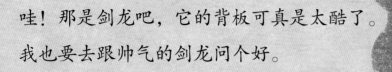

剑龙

生存年代：侏罗纪晚期

体型：全长约 7 米

特征：身上的背板可能有调节体温的

作用，尾部的骨钉可以御敌

哎呀，腕龙怎么连脚掌都这么大！
真是太危险了，我差点儿就被踩扁了！

咦，小腕龙怎么跟我一样，
喜欢吃石头呢？大概它这两天
也消化不太好吧……

腕龙

生存年代：侏罗纪晚期

体型：最大的恐龙之一，全长约22米

特征：喜欢吃高处的嫩叶，偶尔也会吃石头来帮助消化

厚头龙撞下来好多树叶和虫子！
厚头龙这个"撞树吃虫"的方法真不错，
我也来尝尝虫子的味道。

厚头龙

生存年代：白垩纪晚期

体型：全长约 5 米

特征：颅顶大且坚硬，可以保护脑部

"谢谢你，厚头龙！恐龙时代的虫子也很好吃哦。"我冲着厚头龙大喊。

哇，是孔子鸟！

它的尾羽与传说中的一样漂亮！

"喂！朋友。你跟孔子是什么
关系啊？"我问孔子鸟。

"孔子是谁啊？"孔子鸟居然
不知道孔子哎。

孔子鸟

生存年代：侏罗纪晚期至白垩纪早期

体型：全长约0.5米

特征：和现代的鸟类一样没有牙齿，有羽毛，
因拉丁名音译为孔夫子鸟而得名

一只始祖鸟突然飞了过来！

它捉住了一只蜥蜴！

真是帅气呢。

"嗨，朋友，要不要来尝尝。"始祖鸟问我。

要不，我试试？

咦，蜥蜴居然这么好吃？我的口味怎么变了？

始祖鸟

生存年代：侏罗纪晚期

体型：全长约 0.8 米

特征：有牙齿和羽毛，翅膀上有爪

三角龙怎么跟霸王龙打起来了！
真是难分伯仲啊！

"喂，傻龙，你也来挑衅我吗！"
一只三角龙冲着我大喊。
什么，它是在叫我吗？

三角龙

生存年代：白垩纪晚期

体型：全长约9米

特征：头部有"矛"又有"盾"，杀伤力极强

你们快别打架了！陨石来了！

霸王龙

生存年代：白垩纪晚期

体型：全长约12米

特征：前肢很小，锋利的牙齿是它们的打斗利器

幸亏是场梦啊。
不过，我好像真的变成恐龙了耶！

宝宝开始有动静了！
我孵出来的，不会是小恐龙吧？

关于恐龙大灭绝的原因，科学家主要有以下两种推测。

推测一：科学家通过分析墨西哥湾陨石坑的岩石成分，推测这个坑是 6600 万年前小行星撞向地球时形成的。地球被撞击后，地表扬起的大量尘土遮挡住了阳光，导致气候和环境发生了巨大改变，因此发生了生物的集体灭绝事件。

推测二：有科学家认为，当时的火山活动越来越剧烈，火山的大规模喷发造成了气候变化，且火山喷发产生大量有毒气体到处蔓延，导致地球上的大量生物无法存活。

在恐龙时代，就已经出现了鸟类的祖先。越来越多的证据表明，鸟类起源于恐龙，属于恐龙家族的一个支系，现代意义上的恐龙其实就包含了鸟类。因此，我们也可以说，恐龙并未灭绝哦！

鸡还能演化成大型恐龙吗？

从如今的定义来说，鸡是恐龙的一种，但鸡还能演化为大型恐龙吗？可能性是非常小的。对于生物来说，基因会随机地发生突变，因此演化中有很多偶然事件。但自然选择会修正生物的演化方向，现代地球的自然环境和物种之间的关系已经发生了变化，鸟类已不具备成为陆地大型动物的演化基础。但鸡会朝着哪个方向演化呢？让我们拭目以待吧！

吃

大型恐龙的胃口不容小觑。你每天需要准备很多很多的食物才能喂饱它。

可以养恐龙当宠物吗?

曾经,地球上生活着很多大型恐龙,如霸王龙,南方巨兽龙等。你想养它们当宠物吗?那要照顾好它们的生活才行。

住

假如打算养恐龙当宠物,你可能需要搬到广阔的林地中住才行,且房子也要非常巨大。

行

假如你打算带恐龙去旅行，那恐怕得包一列火车或一艘轮船才行。

还有件重要的事

恐龙时代的气候跟现代很不一样，当时的天气又热又湿，且大气中的氧气含量与如今也不同。因此，说不定还要给恐龙带上呼吸机，它才能适应如今的气候。

恐龙蛋有多大？

科学家通过收集比较恐龙蛋化石发现，恐龙蛋大小差异很大——小的如鸽子蛋，长两三厘米；大的如篮球，目前发现最大的恐龙蛋化石的长径约为60厘米。

咦？有蛋黄和蛋清？

恐龙蛋里也有蛋黄和蛋白吗？

尽管现有的化石研究还未证实，但是据推测，如果打破恐龙蛋，也会看到与鸡蛋一样的蛋白和蛋黄。

体型大的恐龙，产的蛋也大吗？

不一定。尽管大型恐龙的蛋可能更大，但有些大型恐龙，比如长颈恐龙的蛋反而比较小，这是因为它们一次会产很多蛋。不同恐龙有不同的繁殖策略，蛋的大小并不一定和体型相对应。

我得再找点叶子把蛋藏起来！

恐龙蛋是什么颜色的？

有一些保存比较完好的蛋化石里保留了色素，科学家通过色素分析发现，恐龙蛋像鸟蛋那样颜色多样呢！恐龙蛋的颜色可能与孵化地有很大关系：有些恐龙会用枝叶盖在蛋上，蛋就很可能是蓝绿色的；有些恐龙把蛋埋在土里孵化，蛋则很可能是灰白色的。

图书在版编目（CIP）数据

再见，恐龙：鸟类是恐龙的后代吗？/ 魏宏平文；
周翊图. —上海：少年儿童出版社，2023.1
（十万个为什么；第一辑. 科学绘本馆）
ISBN 978-7-5589-1549-9

Ⅰ. ①再… Ⅱ. ①魏… ②周… Ⅲ. ①恐龙—儿童读
物 Ⅳ. ① Q915.864-49

中国版本图书馆 CIP 数据核字（2022）第 233685 号

十万个为什么·科学绘本馆（第一辑）

再见，恐龙——鸟类是恐龙的后代吗？

魏宏平 文
周　翊 图

陈艳萍 整体设计
施喆菁 装帧

出 版 人 冯　杰
策划编辑 王　慧

责任编辑 陈　珏　美术编辑 施喆菁
责任校对 沈丽蓉　技术编辑 谢立凡

出版发行 上海少年儿童出版社有限公司
地址 上海市闵行区号景路 159 弄 B 座 5-6 层　邮编 201101
印刷 深圳市福圣印刷有限公司
开本 889×1194　1/16　印张 2.25
2023 年 1 月第 1 版　2024 年 5 月第 3 次印刷
ISBN 978-7-5589-1549-9 / N·1244
定价 38.00 元

可以养恐龙当宠物吗？ **需考虑**
住
吃
行
还有件重要的事

小行星撞地球假说
火山爆发假说

为什么恐龙发生了大灭绝

小鸡不断发生变化，并先后遇到剑龙、腕龙、厚头龙、孔子鸟、始祖鸟、三角龙、霸王龙

三角龙和霸王龙打起来了，这时，陨石突然降落

母鸡从梦中惊醒

鸟类与恐龙的关系

鸡是恐龙的后代吗？
鸡还能演化成大型恐龙吗？

二、酷玩科学

1. 古生物连线

试试看，将这些古生物与相应的物种名片连线吧！

慈母龙
生存年代：白垩纪晚期
体型：全长约 7 米
特征：过群居生活

霸王龙
生存年代：白垩纪晚期
体型：全长约 12 米
特征：前肢很小，锋利的牙齿是它们的打斗利器

腕龙
生存年代：侏罗纪晚期
体型：最大的恐龙之一，全长约 22 米
特征：喜欢吃高处的嫩叶，偶尔也会吃石头来帮助消化

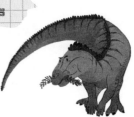

孔子鸟
生存年代：侏罗纪晚期至白垩纪早期
体型：全长约 0.5 米
特征：和现代的鸟类一样没有牙齿，有羽毛。因拉丁名音译为孔夫子鸟而得名

厚头龙
生存年代：白垩纪晚期
体型：全长约 5 米
特征：颅顶大且坚硬，可以保护脑部

始祖鸟
生存年代：侏罗纪晚期
体型：全长约 0.8 米
特征：有牙齿和羽毛，翅膀上有爪

三角龙
生存年代：白垩纪晚期
体型：全长约 9 米
特征：头部有"矛"又有"盾"，杀伤力极强

剑龙
生存年代：侏罗纪晚期
体型：全长约 7 米
特征：身上的背板可能有调节体温的作用，尾部的骨钉可以御敌

2. 制作恐龙蛋

恐龙蛋有各种颜色、大小和形状，你可以收集一些鸡蛋、鹌鹑蛋，甚至较圆的石头，在上面涂色，制作属于自己的恐龙蛋！

3. 它们生活在哪个年代

在故事里，小鸡遇到了各种各样的古生物。但其实它们有些生活在侏罗纪，有些生活在白垩纪。请把下列古生物和相应生活年代连线吧！

| 慈母龙 | 剑龙 | 腕龙 | 厚头龙 | 孔子鸟 | 始祖鸟 | 三角龙 | 霸王龙 |

| 侏罗纪 | 侏罗纪晚期至白垩纪早期 | 白垩纪 |

答案：剑龙、腕龙，相应连接白垩纪。
孔子鸟有争议，相应连接侏罗纪晚期至白垩纪早期。
慈母龙、厚头龙、三角龙、霸王龙，相应连接白垩纪。

4. 谁大谁小

恐龙真的好大！请根据每种恐龙卡片上的体型数据，对恐龙从小到大进行排序。

| 慈母龙 | 剑龙 | 腕龙 | 厚头龙 | 三角龙 | 霸王龙 |

◯ < ◯ ≈ ◯ < ◯ < ◯ < ◯

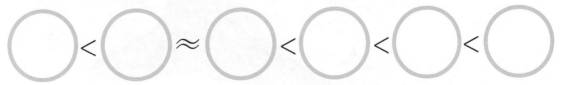

答案：厚头龙、慈母龙、剑龙、三角龙、霸王龙、腕龙，从小到大顺序。其中的"剑龙"和"三角龙"，它们的体型大小相差不大，而且每种恐龙个体之间的体型差异也很大，因此并非绝对。

5. 涂上颜色吧

　　母鸡在梦里遇到了各种各样的古生物，你在图中找到它们了吗？帮它们进一步勾勒和涂色吧。

三、阅读探究

1. 随着故事的推进，书中的母鸡逐渐变成了恐龙（可以认为小鸡最终变成了南方巨兽龙），它的身体结构经历了哪些变化？

2. 母鸡在逐渐变化的过程中，遇到了哪些恐龙或古鸟类？

3. 在母鸡行进的过程中，每一页其实都有一个恐龙剪影，猜猜看它们是哪种恐龙吧！

四、科学讨论

1. 大部分恐龙为什么灭绝了？结合书中的两个推测，并查阅相关资料，说出你的看法和理由。

2. 假如今天来了一只恐龙，会发生什么？

3. 假如你回到恐龙时代，会发生什么？

五、科学写作

　　除了恐龙，还有很多生存在地球上的生物都灭绝了，它们的灭绝原因是什么？那么，人类会灭绝吗？请查阅相关资料，写下你的看法和理由，也可尝试用绘图来表达。

◎对标《义务教育科学课程标准（2022年版）》相关知识点

学科核心概念及学习内容	
核心概念	学习内容
6. 生物体的稳态与调节	6.1 植物能制造和获取养分来维持自身的生存
	6.2 人和动物通过获取其他生物的养分来维持生存
8. 生命的延续与进化	8.6 生物的遗传变异和环境因素的共同作用导致了生物的进化

学段	学习内容	内容要求
一至二年级	6.1 植物能制造和获取养分来维持自身的生存	①说出植物的生存和生长需要水、阳光和空气。
三至四年级	6.2 人和动物通过获取其他生物的养分来维持生存	④描述动物维持生命需要空气、水、食物和适宜的温度。
五至六年级	8.6 生物的遗传变异和环境因素的共同作用导致了生物的进化	④根据化石资料，举例说出已灭绝的生物；描述和比较灭绝生物与当今某些生物的相似之处。

《夜晚的奇妙世界——为什么人会做梦？》
袁应萍 文　许玉安 图　岑建强 审读

　　科学家、艺术家喜爱做梦，因为梦是灵感的来源。我们每个人都喜爱做梦，因为做了美梦会得到一段奇妙的旅程，做了噩梦会觉得庆幸！为什么每天晚上你明明做了4~6个梦，却只记得1个？为什么明明做了彩色的梦，却以为自己的梦是黑白的？这本书将带你探索梦的奥秘，以及脑科学的奥秘。

《人体攻防战——为什么我们要打疫苗？》
竺映波 文　翟苑祯 图

　　"轰隆——轰隆——""水痘病毒"入侵人体王国啦！它们一个个张牙舞爪，在人体王国肆意破坏。警局接到报案后，立刻召集了巨噬细胞、T细胞和B细胞组成"抗痘小分队"前去镇压。经过一番激烈的交战，这群"水痘病毒"最终被拿下，它们全都被带到警局关押了起来。在审讯室里，它们说出了一个惊人的秘密……

《驯化的故事——为什么世界上有这么多种狗？》
沈梅华 文　李茂渊 叶梦雅 图

　　一万年前，一窝失去父母的小狼，遇到了一个人类男孩。男孩把小狼们带回人类部落，照料它们，陪伴它们。有的小狼更具野性，选择重返野外；有的小狼和人类更亲密，选择留在人类身边。留下的小狼和人类一起打猎，一起抵御猛兽，还生下了后代。现在，这些进入人类社会的狼的后代依然陪伴在我们身边，还有了新的名字——狗。

《食物的旅程——我们吃掉的食物去哪儿了？》
竺映波 文　咕 咚 图

　　一大早，苹果国的纤维妈妈告诉小纤维今天整个苹果国要搬家啦。小纤维怀着激动的心情，和脂肪、蛋白质、淀粉小伙伴一起踏上了人体王国。它们走过了口腔，去往了胃，探索了小肠，逛遍了大肠……走着走着，小伙伴们纷纷找到了自己的新家，可小纤维迟迟没有找到自己的新家。它的新家会在哪里呢？